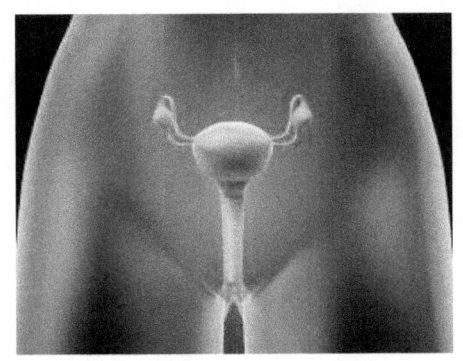

CUIDADOS DE ENFERMERÍA EN LA CIRUGÍA OBSTETRICO-GINECOLÓGICA

Cuidados de enfermería en la cirugía obstétrico-ginecológica

© José Luis Sánchez Vega, Daniel Rastrollo Collantes, Joaquín Vega Bernal

Editorial: www.lulu.com

ISBN: 978-1-291-11669-4

Fecha de publicación: 10 de octubre de 2012

INDICE.

1.- INTRODUCCIÓN

2.- ANESTESIA

3.- HISTERECTOMÍA

4.- QUISTECTOMIA DE OVARIOS

5.- SALPINGECTOMÍA

6.- CONIZACIÓN

7.- LEGRADOS UTERINOS

8.- SALPINGOCLASIA

9.- CIRUGÍA DE PROLAPSOS

10- CIRUGÍA SOBRE LA GLANDULA DE BARTHOLINO

11.- CESAREA

12.- CIRUGÍA CONSERVADORA DE LA MAMA

1.- INTRODUCCIÓN.

Las cirugías ginecológicas, así como las obstétricas, son procedimientos altamente seguros que le permiten a la mujer superar una condición y restablecerse con rapidez. Sin embargo, el éxito de una cirugía no reside solo en los grandes avances actuales de la medicina, sino también en la preparación adecuada de la paciente, en el cumplimiento de las indicaciones médicas y los cuidados de enfermería .A continuación, desarrollaremos las practicas quirúrgicas más habituales en la rama ginecológica y obstétrica, explicando la patología que origina el tratamiento quirúrgico, su procedimiento y los cuidados posteriores que lleva a cabo el personal de enfermería.

Para meternos en materia haremos una pequeña descripción de la anatomía de los genitales femeninos y de la mama.

- **Genitales internos.**

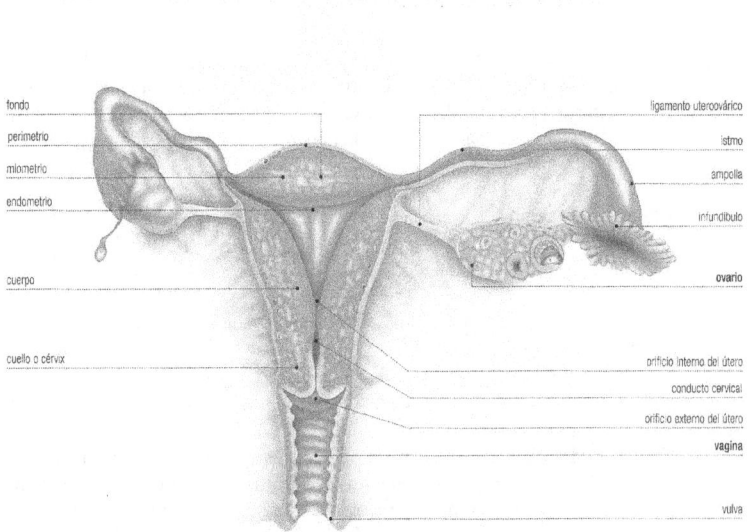

- **Vagina.** Es un canal con dirección oblicua, que comunica la cavidad uterina con la vulva.

- **Útero.** Órgano muscular hueco, central y simétrico con forma de pera invertida y parcialmente introducido en la vagina. Situado en la zona pélvica menor

Está compuesta por dos porciones anatómicas y funcionales distintas, que son el cuerpo y el y el cuello uterino, también denominado cérvix.

El cuerpo uterino lo podemos diferenciar en tres capas:

1.- El perimetrio, que es una capa serosa y la mas externa, es realmente el peritoneo visceral, el peritoneo de la pared anterior del útero forma el espacio uterovesical y el de la pared posterior, el saco de Douglas.

2.- El miometrio, que es una cama muscular y la más voluminosa del cuerpo uterino, la forman tejido conjuntivo y fibras musculares lisas.

3.- El endometrio, es una capa mucosa, la cual responde a cambios morfológicos estimulados por las hormonas ováricas que hacen que se descame y se regenere cada 28 días.

El cérvix o cuello uterino, tiene forma de cilindro y se introduce en la vagina haciendo una protusión. En el cuello distinguimos un orificio superior denominado cervical interno y al inferior se denomina cervical externo. Esta compuesta por dos capas una serosa externa y una mucosa interna.

- **Trompas de Falopio.** Es la cavidad que conecta el útero con la cavidad abdominal y con el ovario indirectamente. Están constituidas por tres capas, una externa llamada serosa, una media muscular muy fina y una interna de mucosa. La trompa la podemos dividir en 4 zonas diferenciadas:

1.- Porción intramural. Atraviesa la pared uterina.

2.- Porción ístmica. Es la zona mas estrecha de la trompa.

3.- Porción ampular. Es la zona mas gruesa de la trompa y dónde se produce la fecundación del óvulo.

4.- Pabellón. Es la zona que pone en contacto al ovario con la trompa.

- **Ovario.** Es un órgano par, situado por detrás y a los lados del útero, al cuál está unido por el ligamento uteroovárico, su parte superior esta en contacto con la trompa de Falopio sin llegar a estar unido. En el ovario se lleva a cabo la producción de las hormonas sexuales y de los óvulos.

Tiene una superficie blanquecina, debido a la condensación fibrosa del tejido que lo encapsula denominada albugínea, por debajo de ésta se encuentra el parénquima cortical que alberga los folículos, cuerpos amarillos, etc, y bajo la zona cortical se encuentra la zona medular, que contiene vasos linfáticos, nervios y la rete ovárica.

- **Genitales externos.**

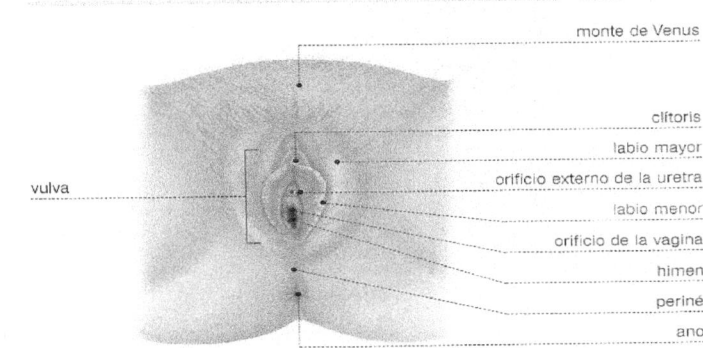

- **Monte de venus.** Es la zona superior de la vulva, sobre la sínfisis púbica, constituido por tejido graso y cubierto por piel velluda desde la pubertad.
- **Labios mayores.** Son los pliegues cutáneos cubiertos de vello, que se extienden por delante desde el monte de venus y se fusionan por detrás entre si.
- **Labios menores.** Constituyen a dos pliegues cutáneos delgados y pigmentados, con abundantes glándulas sebáceas y sudoríparas, que se sitúan por dentro de los labios mayores. Se originan por debajo de los labios mayores, engloban al clítoris, y se fusionan entre sí, después de rodear al meato e introito.
- **Clítoris.** Órgano eréctil, muy vascularizado y con abundantes terminaciones nerviosas.
- **Himen.** Es una membrana cutáneo mucosa muy fina y vascularizada que cierra parcialmente la extremidad inferior de la vagina.

- **Glándula mamaria.**

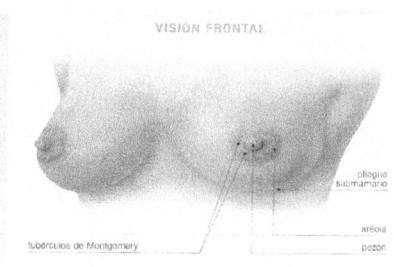

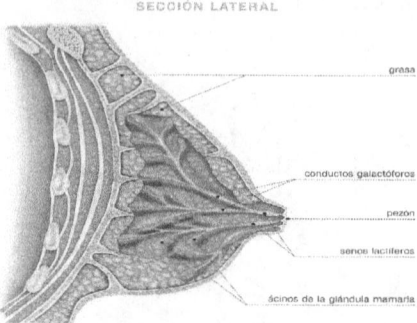

La mama es una glándula exocrina, que en la pubertad comienza a crecer ya a desarrollarse en su interior para poder cumplir su función.

Con forma semiesférica, se sitúa en la parte anterior y superior del tórax, delante de los músculos pectorales mayor y menor. Su estructura está constituida por un parénquima epitelial de acinos y conductos, fascias de sostén, elementos musculares, grasa, nervios y vasos sanguíneos y linfáticos.

El parénquima epitelial lo componen muchos lóbulos, cada uno de los cuales vacía en un conducto excretor llamado, conducto interlobulillar, los lóbulos a su vez se dividen en lobulillos, cada uno de los cuales lo forman los acinos. El conducto interlobulillar, sufre una dilatación llegando al pezón, formando los senos galactóforos que formaran los conductos denominados con el mismo nombre y conectan con el pezón.

Rodeando al pezón encontramos la areola, que es una zona mas pigmentada que el resto de la mama, además presenta unas glándulas sebáceos denominados tubérculos de Montgomery.

2.- ANESTESIA.

La anestesia en Ginecología ha experimentado en los últimos años la evolución lógica derivada tanto de los avances en las técnicas quirúrgicas como en el cambio en las características de las pacientes. La laparoscopia se ha abierto paso en la práctica totalidad de la patología ginecológica abdominal siendo la cirugía abierta cada vez menos frecuente lo cual, a la vez que ha mejorado el postoperatorio de las pacientes, ha aumentado en gran medida los tiempos quirúrgicos.

En la valoración preanestésica se seguirán los protocolos asistenciales del servicio, diabetes, profilaxis tromboembólica, coagulación, mediación psiquiátrica, etc, se seguirá en la evaluación preoperatoria en pacientes ginecológicas. La premedicación ansiolítica se realiza habitualmente con diacepam a dosis de 5 ó 10 mg. v.o. según edad y estado físico de la paciente. Las pacientes que ingresan en el mismo día tomarán su medicación habitual, salvo indicación del anestesiólogo, con un sorbo de agua antes de ir al hospital. Valorar la necesidad de administrar ansiolítico al ingreso. En caso de que la paciente ingrese el día anterior a la cirugía, se anota en la hoja de tratamiento preoperatorio la medicación habitual que la paciente debe tomar. En caso de pacientes que el ginecólogo considere que a la paciente se le dará el alta el mismo día de la cirugía, y que vendrá convenientemente señalado en la hoja que la gestora de pacientes envía a la consulta preanestésica, se valorará si la paciente cumple los requisitos necesarios de cirugía mayor ambulatoria.

El preoperatorio selectivo tiene por objetivo optimizar la evaluación preoperatoria de las pacientes programadas para cirugía ginecológica electiva, manteniendo la calidad de la misma, mediante la solicitud selectiva de pruebas preoperatorias, eliminando la solicitud rutinaria de las mismas. Las pruebas complementarias serán solicitadas por el ginecólogo en el momento de indicar la cirugía.

Las pruebas complementarias que solicita el ginecólogo, consta de analítica sanguínea preoperatoria, hemograma, bioquímica y coagulación, analítica de orina rutinaria, test de embarazo si la paciente esta en edad fértil, radiografía de tórax, y electrocardiograma.

La anestesia consiste en la administración de fármacos para poder operar sin que el paciente sufra dolor, y podemos clasificarla en tres tipos.

- **Anestesia general.** Es aquella que proporciona al paciente un estado reversible de perdida de consciencia, de analgesia y de relajación muscular, para ello es preciso tener una vía venosa canalizada para la introducción de sueros y los medicamentos necesarios.

La anestesia general se administra o bien por vía IV o por inhalación mediante mascarilla, y es necesario mantener la respiración de forma artificial. En todo momento se controlara los signos vitales, FC, FR, TA, saturación de oxígeno, mediante el aparataje habitual de los quirófanos.

Los efectos adversos mas frecuentes son las náuseas y vómitos en el post-operatorio, la dificultad para orinar, alguna sensación dolorosa en la garganta, ronquera o sequedad debido al tubo endotraqueal durante la operación, y en las intervenciones de urgencia que no se ha respetado el periodo de ayuna podría ocurrir el paso del contenido gástrico a las vías respiratorias, este riesgo es potencialmente grave.

- **Anestesia regional.** La anestesia regional es el conjunto de procedimientos en los que se administran al paciente agentes anestésicos locales, junto con otras drogas adyuvantes, en áreas específicas del cuerpo, para permitir la realización de cirugías o eventos diagnósticos o terapéuticos; la anestesia regional debe mantener al paciente libre de dolor durante el procedimiento que se le realiza y debe permitir su recuperación completa después de finalizar el mismo. La anestesia regional debe ser un acto confiable y seguro para el paciente.

Además de los medicamentos anestésicos, se le proporcionara al paciente fármacos relajantes para que antes y durante la intervención, este tranquilo y relajado.

Según el tipo de intervención será también el tipo de anestesia regional de elección, puede ser bien epidural o raquídea, cuando la punción es en la espalda y anestesia de troncos o plexos nerviosos, pinchándolo en brazos o piernas.

Los efectos adversos mas frecuentes son, los dolores de cabeza, visión borrosa, dolores de espalda y dificultad para orinar en el post-operatorio.

- **Anestesia local.** Consiste en la administración de un fármaco directamente en la zona donde se va a intervenir, mediante punción, crema o aerosol, insensibilizando la zona de manera temporal. Al igual que en la anestesia regional se suele dar otros medicamentos para relajar al paciente.

El efecto adverso mas común en este caso es la sensación de adormecimiento de la zona.

Los efectos adversos mas graves son los menos frecuentes y son comunes para los tres tipos de anestésicos. La reacción alérgica a algún anestésico, o a cualquier sustancia empleada en la intervención incluyendo el látex; reacciones tóxicas a los medicamentos con descenso de la TA, alteraciones en el ritmo cardiaco, aumento de la temperatura corporal; Parada cardiaca imprevista, con resultado de muerte, coma o daño cerebral irreversible sobre todo en personas con problemas de enfermedades cardiacas, edad avanzada y en cirugía de urgencia.

3.- HISTERECTOMÍA.

La histerectomía consiste en la extirpación de útero o matriz, dejando o no el cuello, diferenciándola de histerectomía subtotal o histerectomía total y acompañada o no, de extirpación de uno o ambos ovarios, lo que sería, una histerectomía con anexectomia uni o bilateral. Estas técnicas sirven para tratar diversas patologías que afectan al útero. En los casos de cáncer de cuerpo de útero, se utiliza una técnica denominada histerectomía radical en la que consiste extirpar a parte del útero, los ligamentos que lo sujetan a la pared así como los ganglios de la pelvis, en ocasiones debido a la edad de la paciente y/o a la localización del tumor, se extirpa también las trompas y los ovarios.

La histerectomía supone la imposibilidad de tener hijos, así como, la desaparición de las menstruaciones, si aún la tiene la paciente. En el caso de acompañarse la extirpación de ovarios, conllevara la aparición de menopausia, y por tanto podría, si así lo considerara el médico, recibir tratamiento hormonal sustitutivo.

Su indicación viene dada en patologías malignas, y en benignas cuándo el tratamiento conservador no da sus frutos. En las que nos encontramos los miomas, endometriosis, hemorragias disfuncionales, prolapso uterino, hipertrofia uterinas, entre otros.

Según la técnica elegida por el ginecólogo, la histerectomía la podemos clasificar de la siguiente manera:

- **Histerectomía vaginal.** La histerectomía vaginal es la cirugía mediante la cual se extrae la matriz a través de la cavidad vaginal, sin necesidad de realizar ninguna herida en el abdomen, la herida en esta cirugía es interna, y se hace en la parte más profunda de la vagina, por lo que no es visible externamente. Suele hacerse con anestesia intradural.

  La histerectomía vaginal se utiliza, sobre todo, cuando la matriz ha descendido y ocupado parte de la cavidad vaginal o se ha salido totalmente al exterior, por lo cual es más fácil removerla a través de la vagina.

  Cuando la matriz desciende a ese grado, es común que se acompañe de descensos importantes de la vejiga y del recto. Ante tales circunstancias, al realizar la histerectomía vaginal se procede a restituir en su lugar la vejiga y el recto, mediante las cirugías llamadas colporrafia anterior y colporrafia posterior.

- **Histerectomía abdominal.** La histerectomía abdominal es la cirugía mediante la cual se extrae la matriz a través de una incisión en el abdomen, por debajo del ombligo. Hay dos sitios para abrir la piel.

  - Incisión infraumbilical media. La zona más utilizada es la región que va desde el vello púbico hasta unos centímetros por debajo del ombligo.

  - La técnica Pfannestiel. La incisión se hace de manera transversal, siguiendo el borde superior del vello púbico. Popularmente se llama incisión tipo bikini.

- **Histerectomía laparoscópica.** Cuando se usa el laparoscopio como instrumento, siendo menos agresivo al solo trabajar con pequeños orificios en el abdomen.

- **Mixta.** Cuando se realiza una histerectomía por vía vaginal apoyándose en el laparoscopio para la extracción uterina.

Los riesgos de estos tipos de intervención son escasos aunque a veces pueden darse casos de efectos indeseables secundarias a la propia operación, como son la aparición de infecciones, hematomas, íleo paralítico, lesiones en vejiga, o del intestino.

Los cuidados de enfermería en el pre-operatorio:

- **Anamnesis.**

    - Nombre.
    - Edad.
    - Diagnóstico médico.
    - Enfermedades que padece.
    - Antecedentes alérgicos.
    - Intervenciones anteriores.

- **Identificación de la paciente.**

- **Pruebas preoperatorias.**

    - Analítica de sangre preoperatoria y pruebas cruzadas.
    - Electrocardiograma.
    - Test de embarazo según la edad.
    - Analítica de orina.
    - Radiografía de tórax.
    - Urografía intravenosa.

- **Profilaxis antibiótica y antitrombolítica.**

Los cuidados de enfermería en el post-operatorio:

- **Control de signos vitales.**
- **Control y valoración del sangrado vaginal.**
- **Control de la entrada y salida de líquidos.**
- **Control y cuidados de drenajes.**
- **Control del dolor, con la analgesia prescrita.**
- **Cuidados de la vía periférica y del sondaje vesical, hasta su retirada.**

- Control y cuidados del estado de la herida.
- Movilización precoz en cama para prevenir trombosis venosas.
- Control analítico.
- Tolerancia oral cuando proceda.

4.- QUISTECTOMIA DE OVARIOS.

Estas cirugías suelen ser simples, técnicamente sencillas y relativamente rápidas, salvo en el caso del embarazo ectópico, que si no se opera a tiempo puede poner en peligro la vida de la paciente. En este capitulo se analizan las diversas condiciones médicas para las que se indica la cirugía, incluyendo los ovarios poliquísticos, quistes de ovario, tumores, e infecciones severas.

Las lesiones benignas del ovario son todas aquellas que no son cancerosas. A menudo la cirugía está limitada al ovario, sin incluir otros órganos. Las más frecuentes son:

- **Quiste de ovario.** Son tumores benignos, llenos de líquido. Básicamente, se operan si miden más de cinco centímetros, si se rompen o provocan sangrados importantes, o cuando generan un intenso dolor debido a una torsión.

- **Tumores sólidos.** Son aquellos tumores que no tienen líquido en su interior, es decir, están llenos de tejido. La mayoría requieren un manejo quirúrgico.

- **Embarazo ectópico.** al instalarse el embrión en el ovario, se hace necesario operar.

El cirujano procede a abrir la pared del abdomen, para valorar la lesión y decidir en ese momento el procedimiento por realizar. En la medida de lo posible, se trata de conservar la mayor cantidad de tejido ovárico. En algunos casos el daño se encuentra tan avanzado, que no queda más remedio que extirpar uno o ambos ovarios.

Estas cirugías suelen ser simples, técnicamente sencillas y relativamente rápidas, salvo en el caso del embarazo ectópico, que si no se opera a tiempo puede poner en peligro la vida de la paciente.

Hay tres técnicas de llevar acabo estas intervenciones y que el ginecólogo elegirá según proceda, las dos ya descritas en el anterior capítulo, en el apartado de histerectomía abdominal, que son la incisión infraumbilical media, la incisión tipo bikini o Pfannenstiel y por laparoscopia.

Estas cirugías son procedimientos técnicamente simples, y las complicaciones son raras. Sin embargo, siempre existe el riesgo de sangrado e infección, así como la posibilidad de lesionar otros órganos, como la vejiga y el recto. Además, es posible que se presenten problemas anestésicos, pero en raras ocasiones.

Dependiendo del tipo de lesión y lo avanzado del proceso, algunas veces los cirujanos tienen que extirpar ambos ovarios, en cuyo caso es imposible tener posteriormente hijos. Si se extirpa solo un ovario, la fertilidad no se ve comprometida.

Los cuidados de enfermería en el pre-operatorio:

- Anamnesis.
  - Nombre.
  - Edad.
  - Diagnóstico médico.
  - Enfermedades que padece.
  - Antecedentes alérgicos.
  - Intervenciones anteriores.
- Identificación de la paciente.
- Pruebas preoperatorias.
  - Analítica de sangre preoperatoria y pruebas cruzadas.
  - Electrocardiograma.
  - Test de embarazo según la edad.
  - Analítica de orina.
  - Radiografía de tórax.
- Profilaxis antibiótica y antitrombolitica.

Los cuidados de enfermería en el post-operatorio:

- **Control de signos vitales.**
- **Control y valoración del sangrado vaginal.**
- **Control de la entrada y salida de líquidos.**
- **Control y cuidados de drenajes.**
- **Control del dolor, con la analgesia prescrita.**
- **Cuidados de la vía periférica y del sondaje vesical, hasta su retirada.**
- **Control y cuidados del estado de la herida.**
- **Movilización precoz en cama para prevenir trombosis venosas.**
- **Control analítico.**
- **Tolerancia oral, cuando proceda.**

5.- SALPINGECTOMIA.

La salpingectomía es una intervención quirúrgica que consiste en la extirpación de una o ambas trompas de Falopio. Como ya adelantábamos en la introducción, las trompas de Falopio son el conducto por donde el óvulo viaja desde el ovario, es fecundado y llega al útero para su posterior anidación.

Existen diferentes razones que indican la salpingectomía, y habitualmente suelen ser intervenciones de urgencia.

- **Embarazo ectópico.** Es cuándo el embrión empieza a desarrollarse fuera de la cavidad endometrial del útero, aunque puede darse en diferentes zonas, como en ovarios, cuello del útero o abdomen, lo mas común es que se de en la trompa de Falopio, teniendo que intervenir inmediatamente puesto que puede llevara a graves complicaciones en la madre.

- **Salpinguitis.** Es una inflamación de la trompa provocada por una infección. La causa más frecuente es el ascenso de gonococos o clamidias, pero también otros gérmenes aerobios y anaerobios a partir de focos del tramo genital bajo. Cuando un tratamiento conservador no es efectivo, se indica la salpingectomía.

Hay dos maneras de llevar a cabo este tipo de intervención, por medio del Laparoscopio, o a través de laparotomía, con la incisión ya comentada en capítulos anteriores tipo bikini.

La recuperación evidentemente estará condicionada por el tipo de intervención elegida en su momento por el ginecólogo, con un periodo menor de estancia hospitalaria y una recuperación mas rápida, si utilizan el método del laparoscopio, y un periodo mayor de ingreso hospitalario y una recuperación mas lenta cuando es a través de una cirugía abierta.

Los cuidados de enfermería en el pre-operatorio:

- **Anamnesis.**

  - Nombre.
  - Edad.
  - Diagnóstico médico.
  - Enfermedades que padece.
  - Antecedentes alérgicos.
  - Intervenciones anteriores.

- **Identificación de la paciente.**

- **Pruebas preoperatorias**

  - Analítica de sangre, bioquímica básica, hemograma y coagulación.

- Electrocardiograma.
- Analítica de orina.
- Radiografía de tórax.
- Cruzar sangre para posible transfusión.

- **Profilaxis antibiótica y antitrombolitica.**

Los cuidados de enfermería en el post-operatorio:

- **Control de signos vitales.**
- **Control y valoración del sangrado vaginal.**
- **Control de la entrada y salida de líquidos.**
- **Control y cuidados de drenajes, si los hubiera.**
- **Control del dolor, con la analgesia prescrita.**
- **Cuidados de la vía periférica, hasta su retirada.**
- **Control y cuidados del estado de la herida u heridas dependiendo del tipo de técnica usada en la operación.**
- **Movilización precoz en cama para prevenir trombosis venosas.**
- **Control analítico, si fuera necesario.**
- **Tolerancia oral, cuando proceda.**
- **En casos de cirugía abierta, en el que esta aconsejado el sondaje vesical, control y cuidados de la sonda hasta su retirada.**

6.- CONIZACIÓN.

La conización es un tipo de intervención quirúrgica ginecológica que consiste en la extirpación de una porción del cuello en forma de cono. Sirve para el diagnostico o tratamiento de una posible lesión maligna, ante la aparición de una citología o biopsia previa con diagnostico de displasia severa o moderada, que son lesiones precancerosas.

Habitualmente se hace bajo anestesia regional, se extirpara una porción del cuello uterino en función del tamaño de la zona lesionada, para evitar una progresión de la enfermedad. Es importante realizar un seguimiento después de la cirugía, puesto que haber tenido esta lesión puede suponer un mayor riesgo de recidiva.

Por sencilla que parezca, toda intervención quirúrgica tiene sus riesgos, aunque habitualmente son escasos. Existe la posibilidad de hemorragias provenientes del cuello intervenido, infecciones o estenosis cervical, que podría acarrear dismenorrea o infertilidad. Los riesgo más graves pero muy escasos, distocia de cérvix durante el parto por fibrosis, parto prematuro o riesgo de aborto, entre otros.

El agente etiológico mas común de las displasias en el cuello del útero es el virus del papiloma humano.

La conización es una intervención que se puede llevar a cabo de manera ambulatoria, o solo con 24h de ingreso si lo crea conveniente el ginecólogo para un mejor control post-operatorio.

Los cuidados de enfermería en el pre-operatorio:

- **Anamnesis.**

    - Nombre.
    - Edad.
    - Diagnóstico médico.
    - Enfermedades que padece.
    - Antecedentes alérgicos.
    - Intervenciones anteriores.

- **Identificación de la paciente.**

- **Pruebas preoperatorias**

    - Analítica de sangre, bioquímica básica, hemograma y coagulación.
    - Electrocardiograma.
    - Analítica de orina.
    - Radiografía de tórax.
    - Test de embarazo, en mujeres de edad fértil.

- Profilaxis antibiótica

- Los cuidados de enfermería en el post-operatorio:

  - **Control de signos vitales.**
  - **Control y valoración del sangrado vaginal.**
  - **Control de la entrada y salida de líquidos.**
  - **Control del dolor, con la analgesia prescrita.**
  - **Cuidados de la vía periférica, hasta su retirada.**
  - **Tolerancia oral, cuando proceda.**

7.- LEGRADOS UTERINOS.

El legrado uterino es una técnica quirúrgica ginecología que consiste en el raspado de la cavidad uterina, concretamente del endometrio, que es la capa mucosa del útero que describimos en la introducción, con un instrumento llamado legra.

El legrado uterino esta indicado en diferentes situaciones patológicas en la mujer:

- **Aborto espontáneo.** Cuando hay un aborto espontáneo, pero no sale al exterior o solo parte de ellos, los tejidos que formaban la placenta y embrión o feto despendiendo de la edad gestacional. También tras un parto pueden quedar restos dentro del útero que pueden llevar a la aparición de infecciones puerperales.

- **Metrorragias.** Cuando existen hemorragias copiosas ya sea por trastornos hormonales o por problemas del propio útero, generalmente en pacientes mayores de 40 años.

- **Pólipos uterinos.** Son tumores benignos que se desarrollan en el endometrio y que en ocasiones provocan periodos menstruales muy abundantes, pero pueden causar esterilidad si no se tratan a tiempo.

El legrado consiste por tanto en una intervención que se lleva a cabo bajo a anestesia, habitualmente con anestesia regional, que dependiendo la patología a tratar tendrá un fin u otro, legrado evacuador, cuando lo que se persigue es vaciar la cavidad endometrial de restos ovulares tras un aborto o un parto; legrado diagnostico, cuando se quiere obtener muestras de tejidos endometrial y/o cervical para su posterior estudio histológico; legrado hemostático, cuando se tratan las metrorragias y/o la extirpación de pólipos.

Habitualmente en los legrados se usa una técnica llamada histeroscopia, que es una técnica endoscópica en la que se visualiza la cavidad uterina con ópticas de pequeño calibre, permitiendo así y facilitando, el tratamiento de las patologías intrauterinas.

Los riesgos son escasos, pero podrían aparecer infecciones, hemorragias con necesidad de trasfusión, incluso que persistan restos y requiera un nuevo legrado. El riesgo mas grave pero a la vez el menos frecuente, sería la perforación uterina.

Suelen ser intervenciones ambulatorias, aunque en algunos casos requieren el ingreso hospitalario para un mejor control post-operatorio.

Los cuidados de enfermería en el pre-operatorio:

- **Anamnesis.**
  - Nombre.

- Edad.
- Diagnóstico médico.
- Enfermedades que padece.
- Antecedentes alérgicos.
- Intervenciones anteriores.

- **Identificación de la paciente.**

- **Pruebas preoperatorias**

  - Analítica de sangre, bioquímica básica, hemograma y coagulación.
  - Electrocardiograma.
  - Analítica de orina.
  - Radiografía de tórax.
  - Test de embarazo, en mujeres de edad fértil, excepto en los legrados evacuadores post-partos o por abortos.

- **Profilaxis antibiótica**

- Los cuidados de enfermería en el post-operatorio:

- **Control de signos vitales.**
- **Control y valoración del sangrado vaginal.**
- **Control de la entrada y salida de líquidos.**
- **Control del dolor, con la analgesia prescrita.**
- **Cuidados de la vía periférica, hasta su retirada.**
- **Tolerancia oral, cuando proceda.**
- **En algunos casos de metrorragias o de sangrado durante la operación, pueden solicitar control analítico.**

8.- SALPINGOCLASIA.

La salpingoclasia tiene muchas denominaciones, bloqueo tubárico bilateral, oclusión tubárica, ligaduras de trompas, entre otras. Es un procedimiento quirúrgico cuyo fin es otorgar a la mujer la esterilización, es un método anticonceptivo permanente, por eso la mujer debe tener muy claro que no quiere tener más hijos, ya que la reversibilidad de la cirugía es muy complicada.

Consiste en cortar y ligar las trompas de Falopio para impedir que el óvulo se encuentre con el espermatozoide, y así evitar el embarazo.

Para la realización de este tipo de intervención quirúrgica existen varias técnicas para llevarla acabo.

- **Laparoscopia.** Es la mas habitual, consiste en introducir en el abdomen un gas inocuo, para inflarlo y así poder observar mejor los órganos pélvicos. A continuación, mediante un corte en el abdomen se introduce un instrumento que tiene una lente y un sistema de iluminación, posteriormente se hace otra incisión y se inserta un instrumento para alcanzar las trompas de Falopio y sellarlas.

- **Durante una cesárea.**

- **Mini laparotomía.** Generalmente después de un parto o ante la sospecha de un síndrome adherencial importante.

- **Método Essure.** Se realiza la oclusión tubárica con ayuda del histeroscopio. Para facilitar esta técnica, es necesario rellenar la cavidad uterina de suero fisiológico, Con la ayuda del histeroscopio se coloca un implante en cada trompa que lo obstruye.

Se realizan bajo anestesia general, excepto en el método Essure, que se hace con anestesia local en el cuello del útero.

Es una contracepción irreversible y permanente en la mayoría de los casos, la posibilidad de embarazo tras una salpingoclasia, es de 0.5%.

Los riesgos mas comunes, depende de las técnicas usadas, los mas habituales y menos graves son, la aparición de seromas en las heridas, hemorragias, omalgia. Los mas graves y menos frecuentes, serian las hernias, trombosis, hematomas, lecciones de órganos anexos.

Dependiendo también la técnica usada la recuperación variará en rapidez al igual que el periodo de ingreso hospitalario, que puede ir de ser ambulatorio a necesitar el ingreso de 24h o más.

Los cuidados de enfermería en el pre-operatorio:

- **Anamnesis.**

    - Nombre.
    - Edad.
    - Diagnóstico médico.
    - Enfermedades que padece.
    - Antecedentes alérgicos.
    - Intervenciones anteriores.

- **Identificación de la paciente.**

- **Pruebas preoperatorias**

    - Analítica de sangre, bioquímica básica, hemograma y coagulación.
    - Electrocardiograma.
    - Analítica de orina.
    - Radiografía de tórax.
    - Test de embarazo, en mujeres de edad fértil.

- **Profilaxis antibiótica**

    Los cuidados de enfermería en el post-operatorio:

- **Control de signos vitales.**
- **Control y valoración del sangrado vaginal.**
- **Control de la entrada y salida de líquidos.**
- **Control del dolor, con la analgesia prescrita.**
- **Cuidados de la vía periférica, hasta su retirada.**
- **Tolerancia oral, cuando proceda.**

9.- CIRUGÍA DE PROLAPSOS.

El prolapso genital es el descenso o desplazamiento de los órganos pélvicos, como consecuencia del fallo de las estructuras de soporte y sostén. La intervención consiste en corregir este descenso o desplazamiento mediante una serie de técnicas quirúrgicas, que solucionan por una parte, la función perdida o deteriorada de los órganos afectados y por otro, los restablece anatómicamente a los mismos.

La intervención precisará de anestesia general o regional que será valorado pro el anestesista. Se puede llevar a cabo bien por vía vaginal o bien por vía abdominal, siendo en este caso por laparoscopia o laparotomía.

Esta intervención consiste básicamente en colocar las estructuras prolapsadas, bien reforzando ligamentos o fascias de sostén propias, o bien mediante la aplicación de mallas que refuerzan los tejidos dañados. Pueden realizarse varias técnicas en cada paciente, o bien añadir otras técnicas para corregir otros defectos adicionales, de estas la mas frecuente es la colocación de una banda bajo la uretra para remediar la incontinencia de orina. En ocasiones, puede ser necesario o conveniente extirpar el útero.

Podemos encontrarnos ante varios tipos de prolapsos:

- **Prolapso de vejiga.** Se efectuará una incisión vaginal anterior, extirpando a veces alguna porción de la misma, separando y elevando la vejiga, reparando fascia endopelviana. En mujeres con riesgo de recidiva, se pueden usar mallas. Si se asocia con incontinencia urinaria se corregirá convenientemente.

- **Prolapso de útero.** Puede ser necesario o no extirpar el útero mediante una histerectomía vaginal, con fijación de la vagina a los ligamentos propios de la paciente. En caso de conservar el útero, se realizará una histeropexia, que consiste en la colocación de una malla para sujetar el útero a las estructuras o ligamentos de la pelvis.

- **Prolapso del recto.** La incisión será vaginal posterior, para respetar el tabique rectovaginal utilizando la fascia recto-vaginal. Puede ser necesario la colocación de una malla a este nivel, a lo largo de todo el tabique, o también en la porción superior, para tratar o prevenir el enterocele.

- **Prolapso vaginal.** Se fijará la vagina a los ligamentos o estructuras propias, mediante suturas o mallas, en mujeres que previamente se les había efectuado una histerectomía. Este procedimiento puede realizarse por vía vaginal o abdominal.

El refuerzo de las estructuras propias de la paciente, tiene la ventaja de que se produzcan menos infecciones o rechazos, y el inconveniente de que, aunque corrija el defecto, si la calidad de esos tejidos es mala, la probabilidad de recidiva es teóricamente mayor.

Las mallas refuerzan las estructuras dañadas de forma artificial, teóricamente, el refuerzo es mejor, pero pueden ocurrir problemas tales como, dolor, infecciones o la exteriorización de la propia malla.

Los riesgos con mas frecuencia pero los mas leves son las infecciones urinarias, o retención urinaria, seroma, hematoma o alteraciones de la cicatrización de la herida quirúrgica, y las quemaduras producidas pro la electrocirugía. Los riesgos mas graves serían las lesiones en que se pueden producir en la vejiga, uretra o uréteres.

Los cuidados de enfermería en el pre-operatorio:

- **Anamnesis.**
    - Nombre.
    - Edad.
    - Diagnóstico médico.
    - Enfermedades que padece.
    - Antecedentes alérgicos.
    - Intervenciones anteriores.

- **Identificación de la paciente.**

- **Pruebas preoperatorias**
    - Analítica de sangre, bioquímica básica, hemograma y coagulación.
    - Electrocardiograma.
    - Analítica de orina.
    - Radiografía de tórax.

- **Profilaxis antibiótica y antitrombolitica.**

Cuidados de enfermería en el post-operatorio:

- **Control de signos vitales.**
- **Control y valoración del sangrado vaginal.**
- **Control de la entrada y salida de líquidos.**
- **Control del dolor, con la analgesia prescrita.**
- **Cuidados de la vía periférica y del sondaje vesical, hasta su retirada, habitualmente el sondaje se conservara durante al menos 4 días.**
- **Control y cuidados del estado de la herida.**
- **Movilización precoz en cama para prevenir trombosis venosas.**
- **Control analítico.**
- **Tolerancia oral cuando proceda.**

10.- CIRUGÍA SOBRE LA GLANDULA DE BARTHOLINO.

El quiste de Bartolino o bartholinitis es una enfermedad infecciosa, en la cual una bacteria infecta las glándulas de Bartolino ubicadas a ambos lados del oficio vaginal. Normalmente estas glándulas no se palpan; pero, cuando se infectan, comienzan a aumentar de tamaño y pueden alcanzar volúmenes de varios centímetros cúbicos.

Cuando este crecimiento es doloroso, caliente y de aspecto rojizo, se habla de un absceso de Bartolino. Si solamente se palpa el abultamiento pero no es doloroso, es un quiste de Bartolino.

El tratamiento quirúrgico de la bartholinitis, se realiza por diferentes procedimientos, dependiendo del tipo de la técnica elegida por el ginecólogo, precisará un tipo de anestesia u otra, habitualmente local.

- Drenaje de la glándula.

- Drenaje y marsupialización de un quiste de la glándula, que consiste en drenar y suturar la pared del quiste de la piel.

- Extirpación de la glándula: disección y exéresis total de la glándula con sutura de las paredes donde estaba alojada la misma.

Es una técnica muy sencilla pero que como toda intervención quirúrgica no está exenta de riesgos, los mas leves sería el hematoma perineal y la infección de la zona tratada, y los mas graves, una cicatriz que provoque molestias, sobre todo en relaciones sexuales, o sequedad.

Es una intervención que habitualmente se hace sin necesidad de ser ingresada la paciente, aunque a veces se aconseja una observación de 24h.

Los cuidados de enfermería en el preoperatorio:

- **Anamnesis.**

    - Nombre.
    - Edad.
    - Diagnóstico médico.
    - Enfermedades que padece.
    - Antecedentes alérgicos.
    - Intervenciones anteriores.

- **Identificación de la paciente.**

- **Pruebas preoperatorias.**

- Analítica de sangre, bioquímica básica, hemograma y coagulación.
- Electrocardiograma.
- Radiografía de tórax.
- Test de embarazo.

- **Profilaxis antibiótica**

Los cuidados de enfermería en el post-operatorio:

- **Control de signos vitales.**
- **Control y valoración del sangrado vaginal.**
- **Control de la entrada y salida de líquidos.**
- **Control del dolor, con la analgesia prescrita.**
- **Cuidados de la vía periférica, hasta su retirada.**
- **Tolerancia oral, cuando proceda.**
- **Cura de la herida quirúrgica.**

11.- CESÁREA.

La cesárea consiste en la extracción del feto, la placenta y las membranas mediante una incisión en la pared abdominal, llamada laparotomía, y otra en el útero llamada histerotomía, en la embarazada. Puede llevarse a cabo de forma programada o de urgencia.

La cesárea representa uno de los grandes adelantos en la medicina, pues posibilita que el nacimiento se produzca satisfactoriamente en circunstancias en las que un parto vaginal resultaría dañino, tanto para la madre como para el niño, o para ambos. En algunas circunstancias, como en los casos de presión alta, diabetes, sangrados importantes, cuando se rompe la bolsa o cuando se enreda con el cordón umbilical, el niño corre peligro de morir si no nace rápidamente.

En algunos casos, la cirugía se realiza porque la madre no es lo suficientemente amplia de caderas como para permitir el paso de la cabeza del niño sin provocar lesiones. En otras ocasiones, aun cuando la madre tenga una cadera amplia, la cabeza del niño es tan grande que impide el nacimiento. En otros casos, la cesárea está indicada porque la placenta es previa y obstruye la salida del niño. También, se realiza cuando el niño viene sentado o en otras posiciones diferentes de la posición normal. En algunas circunstancias, como en los casos de presión alta, diabetes, sangrados importantes, cuando se rompe la bolsa o cuando se enreda con el cordón umbilical, el niño corre peligro de morir si no nace rápidamente. En estos casos, la cesárea representa la gran solución a este dilema obstétrico.

La intervención se hace bajo anestesia general o regional. Se realiza una incisión en la piel que puede ser vertical, incisión infraumbilical media, u horizontal, la técnica Pfannestiel o tipo bikini, otra en la pared del abdomen y en la del útero. Siempre que sea posible se hará con la técnica de Pfannestiel, ya que ocasiona menos perdida de sangre y cicatriza mejor.

Durante la cesárea podría hacerse otros procedimientos quirúrgicos como son la ligadura de trompas, la extirpación de miomas pediculados o quistes de ovario. Siempre y cuando la paciente haya sido previamente informada y haya dado su consentimiento.

Las complicaciones que el recién nacido puede presentar son, mayor dificultad respiratoria y de adaptación neurológica sobre todo en prematuros, o lesiones del feto por dificultad en su extracción.

Las complicaciones de la madre mas frecuentes son, el íleo paralítico, infección de orina y complicación de la herida quirúrgica como infección, seroma y hematomas. Las mas graves pero también menos frecuentes que se pueden dar son, hemorragias, lesiones en los órganos vecinos, eventración post-quirúrgica, problemas de esterilidad, etc.

Los cuidados de enfermería en el pre-operatorio:

- **Anamnesis.**
  - Nombre.
  - Edad.
  - Diagnóstico médico.
  - Enfermedades que padece.
  - Antecedentes alérgicos.
  - Intervenciones anteriores.
  - Fórmula obstétrica.

- **Identificación de la paciente.**

- **Pruebas preoperatorias**
  - Analítica de sangre, bioquímica básica, hemograma y coagulación.
  - Electrocardiograma.
  - Analítica de orina.
  - Radiopelvimetría, si procede.

- **Profilaxis antibiótica y antitrombolitica.**

Los cuidados de enfermería en el post-operatorio:

- **Control de signos vitales.**
- **Control y valoración del sangrado vaginal.**
- **Control de la entrada y salida de líquidos.**
- **Control y cuidados de drenajes, si los hubiera.**
- **Control del dolor, con la analgesia prescrita.**
- **Cuidados de la vía periférica, hasta su retirada.**
- **Cuidados del estado de la herida.**
- **Movilización precoz en cama para prevenir trombosis venosas.**
- **Control analítico, si fuera necesario.**
- **Tolerancia oral, cuando proceda.**
- **Cuidados de la sonda vesical, hasta su retirada.**

12.- CIRUGÍA CONSERVADORA DE LA MAMA.

El procedimiento consiste en extirpar sólo la zona lesionada de la mama, para su posterior análisis y confirmación del diagnóstico y así decidir si ese tratamiento es suficiente o se necesita extirpar más parte de la mama o de los ganglios de la axila.

Se realiza una incisión en la mama, través de la cual se extirpará la totalidad de la lesión que presente la paciente. Si procede, también se extirparán, todos los ganglios linfáticos de la axila, o bien se realizará la biopsia selectiva del ganglio centinela.

El procedimiento requiere anestesia, local o general, según el caso, el anestesista elegirá.

La extirpación de la lesión evitará el crecimiento de la misma, así como la extensión de la enfermedad a tejidos vecinos o a distancia. Cuando se haya confirmado la malignidad, en algunos casos se valorará la necesidad de radioterapia o quimioterapia.

Las complicaciones o riesgos mas frecuentes, no suelen ser graves y son infección, sangrado o alteraciones de la cicatrización de la herida, edema transitorio del brazo, dolor prolongado en la zona de la operación, etc. Los riesgos mas graves que se pueden dar son la recidiva de la enfermedad, y lesión de nervios en la zona dificultando la movilidad del hombro y brazo.

Los cuidados de enfermería en el pre-operatorio:

- **Anamnesis.**

  - Nombre.
  - Edad.
  - Diagnóstico médico.
  - Enfermedades que padece.
  - Antecedentes alérgicos.
  - Intervenciones anteriores.

- **Identificación de la paciente.**

- **Pruebas preoperatorias**

  - Analítica de sangre, bioquímica básica, hemograma y coagulación.
  - Electrocardiograma.
  - Analítica de orina.
  - Radiografía de tórax.
  - Pruebas cruzadas, por si hiciera falta transfusión sanguínea.

- **Profilaxis antibiótica y antitrombolítica.**

Los cuidados de enfermería en el post-operatorio:

- **Control de signos vitales.**
- **Inmovilización del brazo mas cercano al pecho intervenido.**
- **Control de la entrada y salida de líquidos.**
- **Control y cuidados de drenajes, si los hubiera.**
- **Control del dolor, con la analgesia prescrita.**
- **Cuidados de la vía periférica, hasta su retirada.**
- **Cuidados del estado de la herida.**
- **Movilización precoz en cama para prevenir trombosis venosas.**
- **Control analítico, si fuera necesario.**
- **Tolerancia oral, cuando proceda.**

BIBLIOGRAFÍA.

-Pinar de Santos, Carmen Fernández, Ana Plaza. Protocolos asistenciales de anestesiología en cirugía ginecológica disponible en http://www.anestesiaclinic.net/documents/ginecologia/protocolsgine2010.pdf

-Protocolos de la unidad de ginecología y obstetricia del hospital Santa Maria del Puerto.

- Dr. Mauro. Instituto costarricense de sexología. Disponible en http://drmauro.com/3-Cirugias-Ginecologicas.html

- Embarazo, parto y Puerperio. P15-18, P25-26 Formación continua Logoss. 2005

- Atlas de anatomía. P74-76. Circulo de lectores S.A. 2000.

www.ingramcontent.com/pod-product-compliance
Lightning Source LLC
Chambersburg PA
CBHW072307170526
4515 8CB00003BA/1223